施易男的
50道幸福甜点

施易男——著

施易男
日日写真事务所（人物情境照） 摄

中国轻工业出版社

图书在版编目（CIP）数据

施易男的50道幸福甜点 / 施易男著；施易男，日日写真事务所（人物情境照）摄. —北京：中国轻工业出版社，2020.8

ISBN 978-7-5184-2696-6

Ⅰ.①施… Ⅱ.①施… ②日… Ⅲ.①甜食－制作 Ⅳ.① TS972.134

中国版本图书馆 CIP 数据核字（2019）第 217128 号

责任编辑：王晓琛　　责任终审：劳国强　　整体设计：锋尚设计
责任校对：晋　洁　　责任监印：张京华

出版发行：中国轻工业出版社（北京东长安街6号，邮编：100740）
印　　刷：北京博海升彩色印刷有限公司
经　　销：各地新华书店
版　　次：2020年8月第1版第1次印刷
开　　本：710×1000　1/16　印张：10
字　　数：200千字
书　　号：ISBN 978-7-5184-2696-6　定价：49.80元
邮购电话：010-65241695
发行电话：010-85119835　传真：85113293
网　　址：http://www.chlip.com.cn
Email：club@chlip.com.cn
如发现图书残缺请与我社邮购联系调换
191108S1X101ZYW

自序

/

甜点有爱，爱有点甜

因为
甜点是一种幸福的滋味
可以把这种幸福分享出去
可以看到大家吃到甜点而嘴角扬起的表情
所以
我开始喜欢甜点

这本书记录着我的甜点历程
也记录了我做甜点以来的很多作品

这不只是一本只有食谱的甜点书
更是一本让我们的人生有点甜的甜点书

甜点教会我的事太多太多
感谢我的人生中能与甜点相遇

从一开始完全不会做甜点
到后来考上证照、教课，到现在出版甜点书
一切都是那么不可思议
所以永远不要小看自己

这本书的书名叫《明明·有点甜》（编者注：此为繁体版书名）

这是我自己取的

大家可以看出什么端倪吗？

我的妈妈是"小明明"

"明明"是我妈妈的名字

我很爱、很爱、很爱我的妈妈

所以"明明"这两个字

对我来说有特别的意义

充满着爱和希望

《明明有点甜》，也就是"爱有点甜"的意思

但反过来看

就是"甜点有明明"，也就是"甜点有爱"

做甜点时，心里一定要充满着爱

做出来的甜点才会好吃

感谢我的妈妈

因为她，让我的人生充满了爱

也让我成为一个良善、乐观的人

感谢远流出版社的明雪、曼灵、孜勤的支持及包容

才有了这本书的诞生

感谢我的姐姐
不管到哪个国家出差或旅游
都会到当地烘焙店替我采购

感谢洁然、文妍、嘉晏、利真、嘉珍、慧芬、小魏、华安哥、爱德、芝蓝
如果没有这些朋友的协助
我一个人是无法完成这本书的

感谢花莲的粉丝美惠
每年都会做一本我一整年所做的甜点作品集送给我
让我有了出版这本甜点书的想法

感谢每个来上我甜点课的学生们
因为你们的支持及热情
让我在甜点的路上不孤单

谨以此书献给我最爱的妈妈——小明明
也献给每个有爱的你们

我的人生因为有了甜点而开始有点甜
也让我们的人生及生活一起有点甜吧！

目录

/

Contents

第一章

/

初心——
与甜点相遇

第二章

/

改变——
没有后路的抉择

第三章

/

坚持——
只在原地做梦，不如踏步向前

第四章
/
创造——
开开心心挥洒想象力

第五章
/
分享——
让人生更甜一点

第一章

初心——
与甜点相遇

就在我对演戏失去热情和想法的时候，

甜点正好出现在我生命的转弯处，

填补了我对人生的一点期待，

并给了我一个新的可能与方向。

　　一般人对我的认识，大多来自荧幕上。从十五六岁踏入演艺圈至今，许多人对我的印象与熟悉感都来自电视与媒体。但近几年，我的称谓多了一些，"甜点王子"或"甜点老师"成为我新增的身份。

　　与甜点有了联结，或许是我的人生从戏里到戏外最特别的一道转弯，也是目前最值得我投入、也最让我感到幸福的一件事。

戏里人生转弯来到戏外

　　大约10年前，因为拍摄大爱台（中国台湾的慈济大爱电视台）的《清秀家人》接触到糕点制作，配合剧情需要，剧组安排演员们学习一些制作糕饼的技术，那应该是我第一次了解点心的制作过程。之后拍《美乐，加油!》（又名《爱上查美乐》），因剧中角色经营面包店，为了诠释到位，剧组安排我们去学习烘焙的基本功，才能演得像真的一样。

　　刚开始接触时，什么都不懂，就是跟着老师的指导一步步做。看着这些水、面粉、糖或蛋等材料经过搅拌、混合，再送进烤箱，出来之后稍加装饰，居然可以变化出视觉上美观、味觉上满溢甜蜜的点心。这整个过程仿佛变魔术一般让我感到不可思议。

　　我心想，为什么甜点这东西可以让人看着就觉得开心、吃着就充满微笑呢? 这也太神奇了吧! 我闪现了一个念头，超想学会做出这个神奇的东西。

　　也差不多在这时候，我对演艺工作感到有点倦怠。从出道以来一直不停地拍戏，拍了好多好多年，不时会想："难道我只能这样拍下去吗?"对演戏的热情仿佛被浇熄了。就在那股热情流逝的当下，甜点竟通过这两部戏出现在我的眼前。

　　对我来说，演员这项工作其实是在不断挥洒自己的情绪，常让我觉得自己被掏空，很需要注入新的感受。而就在我觉得对演戏失去热情和想法的时候，甜点正好出现在我生命的转弯处，填补了我对人生的一点期待，并给了我一个新的可能与方向。

毅然决然放下一切

对甜点产生兴趣后，我期望自己可以更精进，抱着想做就一定要做好的心态，我放下了原本的演艺工作，让自己心无旁骛地学习甜点。

刚开始决心完全投入，身边的人都觉得不可能。当时我的戏约一档接一档，就一般人看来算是发展得不错，怎么可能说放弃就放弃？加上当时修习的研究所课程即将完成，眼看毕业后有时间接更多的戏，但我却决定先学会甜点再说。

亲友间当然出现了各种劝退的声音，就连我最爱的妈妈也不认同，她曾经对我说："你演戏一集的收入，可能卖上千颗马卡龙都赚不到！"她不懂我为什么会做这样的决定。

那时大家劝说的话言犹在耳，我也知道大家都在替我担心，担心我脱离原本的环境与舒适圈之后会无法适应。我自己当然也会担心，甚至有点害怕，但是我告诉自己不要想太多，回到初衷，就是单纯地想学会一件事，想让自己能专注完成一个目标。

我每个时期都会替自己设下一个学习目标，寻找一件我有兴趣的事，然后想办法学会并完成目标，比如上室内设计课、念研究所等，一路走来也用这样的方式学会了不少技能。

在学习的路上，一定会有很多风风雨雨，但我坚信只要专注在我想做的事情上就好，因为专心能让我获得成功。我抱持着这样的心态完成了各阶段的学习，甚至后来也是凭着这股信念学会做甜点，并且在这条路上继续精进。

甜点带来纯粹的幸福感

其实我不是个重视"吃"的人，从小到大都算很好养，有什么就吃什么。因为少了"美食主义者"的形象，所以当我对外宣告自己要一头栽入甜点世界时，确实跌破了一堆人的眼镜。

有些人想学做甜点是因为本身爱吃美食，进而想学会自己制作美食，但回到我自己选择甜点的初衷，其实单纯只是因为那股通过甜点与人分享的喜悦，而且拿到甜点的人，也会因为接收到这份特别的心意产生疗愈感。

甜点有股让人不自觉扬起嘴角的能量，光是想到这点就让我感到很满足。或许是因为我喜欢让人开心、快乐，就像我从事演艺工作也是为了散播欢乐、散播爱，甜点一样拥有这种带给他人幸福感的能力。

甜点，可以说是充满了爱的力量，正因为这种力量，让我觉得能遇上甜点，实在是无比美妙。

蔓越莓冰箱饼干

（可制作约50片）

无盐黄油（室温软化）— 100克
色拉油 — 30克
细砂糖 — 120克
盐 — 2克
鸡蛋 — 1颗

低筋面粉 — 230克
无铝泡打粉 — 1克
蔓越莓干 — 100克
朗姆酒 — 20克

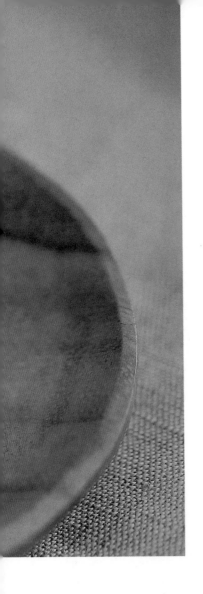

制作笔记

书中使用的无盐黄油皆指动物性黄油，购买时需注意。可参考品牌如安佳鲜黄油、President总统牌无盐黄油条、铁塔牌发酵黄油等。

做法

1 将蔓越莓干用朗姆酒泡30分钟至1小时，沥干备用。

2 将室温软化后的无盐黄油、色拉油、细砂糖、盐混合搅拌至膨松，再加入鸡蛋，搅拌至呈乳霜状，让蛋液充分被吸收。

3 将过筛的低筋面粉、无铝泡打粉、做法1的蔓越莓干加入做法2的材料中，搅拌均匀制成面团。包上保鲜膜，冷冻15分钟，以便后续塑形。

4 桌上铺保鲜膜，将做法3的面团用手搓揉成圆柱长条形，再放入冰箱冷冻约6小时，使其变硬凝固。

5 取出做法4的长条面团，切成厚约0.5厘米的片，烤箱170℃烤15～18分钟即可。

柚见月圆小西饼

材料

（可制作约15片）

无盐黄油（室温软化）— 45克
细砂糖 — 10克
鸡蛋 — 35克
柚子酱A — 35克
低筋面粉 — 110克
柚子酱B — 适量

做法

1 将无盐黄油搅打至呈乳霜状。

2 加入细砂糖，再继续打至泛白。

3 分次加入全蛋，拌匀至蛋液被完全吸收。

4 将低筋面粉过筛，分2次加入做法3的容器中。

5 加入柚子酱A，拌匀制成面团。

6 将面团分成每个约15克，揉成圆形后压扁，在中心点压出一个指形，加入柚子酱B，烤箱170℃烤13～15分钟即可。

狗狗南瓜营养饼干

材料

（可制作约12片）

鸡蛋 — 1颗
南瓜 — 125克
植物油 — 5克
低筋面粉 — 150克
燕麦片 — 60克

制作笔记

- 这是一道狗狗和主人可以共享的甜点。
- 因内含燕麦，猫咪不适合吃哦。

做法

1 将南瓜去皮蒸熟，压成泥备用。

2 将鸡蛋打散，加入南瓜泥、植物油拌匀。

3 将低筋面粉过筛，加入做法2的材料中，再加入燕麦片拌匀。

4 用冰淇淋勺挖至烘焙垫上，压平后放入烤箱，150℃烤35～40分钟即可。

树莓双色蛋白饼

材料

（可制作约35片）

蛋清 — 100克
柠檬汁 — 少许
细砂糖 — 180克
树莓粉 — 5~8克

做法

1 将蛋清加入少许柠檬汁打发至起泡。

2 再将细砂糖分二三次加入，打发至坚挺有光泽。

3 将做法2的蛋白霜平均分成两份，其中一份加入树莓粉，搅拌均匀成粉红色蛋白霜。

4 将粉红色蛋白霜倒入装有花形花嘴的裱花袋，并涂抹在裱花袋内的周围。

5 将另一份白色蛋白霜倒入裱花袋中间。

6 挤花在烘焙垫上，烤箱100℃烘烤50~60分钟即可。

意式脆饼

材料

（可制作约24片）

鸡蛋 — 3颗
细砂糖 — 65克
盐 — 少许
植物油 — 10克
无铝泡打粉 — 4克

低筋面粉 — 160克
杏仁粉 — 110克
蔓越莓干 — 130克
果仁 — 35克
高筋面粉 — 适量

制作笔记

杏仁粉需选用西点烘焙专用杏仁粉（不同于杏仁露使用的杏仁粉），可参考品牌如SOSA索萨西班牙杏仁粉等。

做法

1 将鸡蛋、细砂糖、盐和植物油一起加入搅拌盆中拌匀。

2 将泡打粉和低筋面粉过筛，再加入杏仁粉拌匀。

3 将做法2的粉类加入做法1的液体中，拌匀成面团。面团会有点黏稠感，若手感太干，可再加入半颗或1颗鸡蛋。

4 将蔓越莓干和果仁加入做法3的容器中，再次拌匀揉成面团。

5 将手粉（高筋面粉）撒在桌上，将做法4的面团移至桌上整形成长条。

6 将做法5的长条面团放入烤箱，160℃烤25分钟，取出稍微放凉切片，再烤20分钟即可。

芝士辣味果仁饼干

材料

（可制作约25片）

船形饼干壳 — 25片
无盐黄油 — 30克
水饴 — 32克
动物性鲜奶油 — 12克
细砂糖 — 15克

糖粉 — 15克
芝士粉 — 4克
红椒粉 — 2克
夏威夷果 — 100克

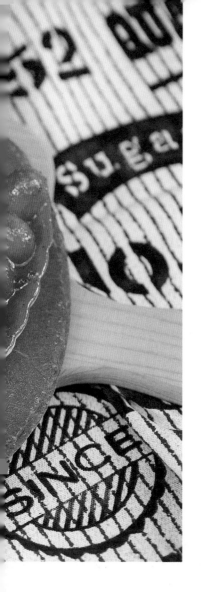

制作笔记

- 船形饼干壳为糯米制品，烘焙用品专卖店有售。
- 鲜奶油必须选用动物性鲜奶油，可参考品牌如President总统牌动物性鲜奶油、安佳鲜奶油或铁塔牌鲜奶油等，一般超市或食品原料店均有售。

做法

1 夏威夷果先入烤箱烘烤，以增加香气。

2 取无盐黄油加入水饴与鲜奶油，加热煮至小滚。

3 加入细砂糖、糖粉、芝士粉、红椒粉，煮沸即可离火。

4 将做法1烘烤过的果仁加入做法3的锅中，拌匀。

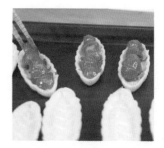

5 将做法4的果仁放入船形饼干壳内，入烤箱以160℃烤10～15分钟即可。

丹麦小西饼

材料 ◀

（可制作约40片）

无盐黄油（室温软化）— 454克
糖粉 — 300克
鸡蛋 — 110克
香草籽或香草精（可不加）少许
中筋面粉 — 600克
牛奶（备用）— 适量
可可粉 — 50克
色拉油 — 少许

做法 ◀

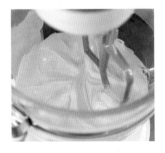

1 将室温软化的无盐黄油搅拌得稀一点，可先小火煮或用微波炉加热一下，但不能加热至呈液态或油水分离。

2 加入糖粉，拌匀。

3 将鸡蛋分2次加入，拌匀。

4 加入香草籽，拌匀。

5 中筋面粉过筛，加入拌匀（若少量可用手拌，大量则用机器）。若面糊太干，可再加适量牛奶，方便后续裱花。

6 拌好的面糊分两份，其中一份加入过筛的可可粉。若面糊较干，可加一点色拉油搅拌。

7 将两份不同颜色的面糊分别倒入装有花形裱花嘴的裱花袋中。

8 烤盘放烘焙垫或烘焙纸，挤上面糊，烤箱设定上火200℃、下火160℃，烤10~12分钟即可。

熊猫糖霜饼干

材料

（可制作约14片）

饼干体

无盐黄油（室温软化）— 110克

细砂糖 — 80克

鸡蛋 — 1颗

盐 — 2克

香草精（可不加）— 少许

低筋面粉 — 200克

装饰糖霜

糖粉 — 200克

蛋清 — 40克

柠檬汁 — 2克

深黑可可粉（或竹炭粉）— 5克

做法

1 将室温软化的无盐黄油加细砂糖，搅拌至呈乳霜状。

2 将鸡蛋打散后，分次加入做法1的黄油中，搅拌均匀。

3 将盐和香草精加入拌匀。

4 低筋面粉过筛后加入做法3的黄油中，以刮刀拌成面团，压成扁圆形。用保鲜膜包好，冷藏3个小时。

5 拿出冷藏好的面团，用擀面杖擀成厚0.3~0.5厘米，用熊猫造型模具压模后，放入烤箱，180℃烤12~15分钟，烤好放凉备用。

6 取糖粉和蛋清混拌均匀后，加入柠檬汁拌匀。

7 将做法6的材料分成两份，其中一份加入深黑可可粉拌匀，然后分别倒入装有直径0.1厘米花嘴的裱花袋中。

8 将做法7的两种颜色挤花糖霜，挤出装饰于放凉的熊猫造型饼干上，待糖霜风干即可。

葡萄燕麦果仁饼干

材料

（可制作约32片）

饼干体

无盐黄油（室温软化）— 170克

黑糖（或红糖）— 150克

鸡蛋 — 2颗

中筋面粉 — 100克

无铝泡打粉 — 2.5克

肉桂粉（或香草精）— 2.5克

盐 — 少许

燕麦 — 230克

葡萄干 — 150克

坚果碎粒 — 34克

朗姆酒 — 适量

做法

1 将葡萄干用朗姆酒浸泡约15分钟后沥干。

2 室温软化后的无盐黄油及黑糖（或红糖）用桨状搅拌器搅拌均匀后，加入鸡蛋拌匀。

3 往过筛的中筋面粉加入无铝泡打粉、肉桂粉和少许盐，加入做法2的黄油中拌匀。

4 再加入燕麦，低速拌匀。

5 加入做法1沥干的葡萄干及坚果碎粒拌匀。

6 烤盘上铺好烘焙纸，用冰淇淋勺将做法5的面糊挖至烤盘上，并压平至0.5～0.8厘米厚，放入烤箱，180℃烤12～15分钟即可。

玻璃糖饼干

材料

（可制作约16片）

无盐黄油（室温软化）— 150克

细砂糖 — 105克

鸡蛋 — 2颗

低筋面粉 — 300克

盐 — 3克

香草精（可不加）— 适量

彩色玻璃硬糖（需先敲碎成粉状）— 适量

防潮糖粉 — 适量

1 将无盐黄油搅拌至变软。

2 将细砂糖分次加入做法1的黄油中拌匀。

3 再将蛋液分次加入至做法2的黄油中。

4 将低筋面粉过筛，分次加入做法3的黄油中，再加入盐搅拌均匀。

5 加入适量香草精（也可不加），拌匀揉成面团。用保鲜膜包好，冷藏3小时。

6 取出做法5的面团，以擀面杖擀成厚约0.3厘米。

7 用饼干模压出形状，中间需压中空，放置于烤盘上。

8 中空处放入敲碎成粉状的彩色玻璃硬糖，入烤箱以180℃烤13~15分钟。

9 放凉后撒上防潮糖粉即完成。

第二章

改变——
没有后路的抉择

我从这200多次的失败中总结经验，

最后终于让我发现了成功的关键和秘诀。

待领悟到症结所在后，

果然就迎来了真正的成功。

遇见甜点的同时，我正持续思索自己的人生，很庆幸甜点在我刚好有点彷徨的时候，给了我一个新的想象与可能。

很多人在遇到和我类似的困境时，问题点或许是该如何学好甜点并同时演好戏，然而我在深思熟虑后，决定全心全意面对这个需要学习新事物的自己。

做事不要留后路

在考虑要不要放下演艺工作那时，我正在佛光大学念艺术研究所。当时我选修了一门林谷芳教授的禅学课，教授曾在课堂上说："做什么事不要留有后路。"这句话深深影响了我。

　　如果想做一件事，却不能立下决心与勇气，还不断在想备选方案和后路，或是觉得做不好之后仍可以走回头路，这样绝对无法专心投入新的学习；或许也表示这件事对自己而言，不如口头上说的那么喜爱，甚至因此就错过了真心学习的机会。

　　很感谢林谷芳老师的教导，让我决意放下原本的舞台。我就这样断了自己的后路长达两年，其间任何戏都不接。我告诉自己，接下来就只能学做甜点，而且用各种方式学。无论是去上甜点课，或是在家不断看网络视频跟着试做，只要是任何可以学习的方式，我都尽量尝试。

不多想，设定目标向前冲

我觉得要学好一个新的技能，不能只是原地踏步。一旦想太多，顾虑东、顾虑西，就很容易裹足不前。因此我为自己设下目标，不只是要学做甜点，并且要"学到专精"，甚至将甜点练习到可以成为我谋生的技能。

当时单纯就是想学会，于是报名上烘焙课程，并且以考到丙级西点烘焙证照（在台湾想从事烘焙工作必须要有丙级以上证照）为目标。考上证照对我来说算是一种实力的认证，也才能让大家看到我的决心。

我也在甜点课堂上养成了"专注"的习惯。因为学习的时间太有限，我必须在课堂上专心听讲，练习操作，有问题就赶紧提问。只有好好把握仅有的几个小时专注学习，才能一次就学会，这样的学习才有效率。

我就这样考上证照，接着在网络上开店接单。后来做出的成绩，也让当初不看好的人见识到我的执着，并且肯定了我在这方面的能力。

第一次，从最难的开始

有时想想，或许正是一开始傻傻地选择挑战了甜点界的魔王"马卡龙"，才激发出我对甜点的无限斗志。

当时还不流行甜点专卖店，对一般人来说，马卡龙应该是一种很梦幻、很难吃到的高级甜点，连坊间的教学课程都很少。才刚学会烘焙的我，看着网络上的马卡龙制作视频，觉得似乎不难啊，甚至无知地质疑它凭什么卖那么贵？于是我决定来挑战这个魔王关卡。

看了几十个视频影片后，居然做第一次就成功了！我心想，这根本就不算是魔王嘛！

然而，第一次的成功不算成功，我在第二次立马从云端跌到谷底。甚至连接下来做的200多次，全部都失败。那两三个月的连番挫折，对我来说是非常大的打击。

第一次明明成功了啊，怎么会一直做不好？我不断问自己。后来仔细想想，第一次的成功，其实只是侥幸。

我从这200多次的失败中总结经验，最后终于让我发现了成功的关键和秘诀。待领悟到症结所在后，果然就迎来了真正的成功。

这个经验也让我体会到，甜点制作上的许多问题，从一般食谱书或教学影片中不一定看得出来，除非食谱书或课程真的能不藏私完整传授，否则只能靠不断试错来积累与学习。

当然最关键的是，我并没有遇到挫折就却步，那连番的失败反倒让我越挫越勇，甚至让我更加确信一定要做到成功为止。

终于，马卡龙成为我最拿手的招牌甜点之一。

抹茶青柠云彩马卡龙

材料

（可制作约35个）

马卡龙外壳

杏仁粉 — 180克

糖粉 — 180克

蛋清A — 66克（分成三份，每份各22克）

细砂糖 — 180克

水 — 50克

蛋清B — 66克

抹茶粉 — 5克

郁金香粉 — 3克

柠檬奶油馅料

柠檬汁 — 134克

全蛋 — 86克

蛋黄 — 74克

玉米淀粉 — 10克

细砂糖 — 80克

柠檬皮屑 — 适量

无盐黄油（室温软化）— 160克

做法

马卡龙外壳 ——————————

1 将杏仁粉及糖粉放入食物料理机中打得更细碎。

2 将做法1的粉类拌匀后分成三等份，其中两份分别加入过筛后的抹茶粉及郁金香粉拌匀。

3 接着分别加入蛋清A（每份各22克），充分拌匀成杏仁面糊。

4 将细砂糖及水入锅煮成糖浆（过程中不可搅拌），煮至100℃时，开始打发蛋清B。

5 糖浆温度到达118～121℃时关火，将滚烫的糖浆缓缓倒入正在打发中的蛋清B（此时电动搅拌机需持续搅拌）。

6 蛋白霜打至光滑坚挺不滴落状态，并降温至与体温相近。

7 将做法6的蛋白霜分成三等份，分别加入到做法3的3种杏仁面糊中搅拌均匀，搅拌至搅拌棒提起呈丝绸状（流下后纹路不会立即消失），但不可过度搅拌。

8 将面糊分别填入裱花袋中，稍微压平后将三份面糊叠起对齐，用剪刀将裱花袋剪出开口，开口大小需一致。

9 接着准备一个尺寸稍大且装有圆形裱花嘴的裱花袋，将做法8剪好开口的三份面糊裱花袋平均且对齐地放入大裱花袋中。

10 在烘焙垫上挤出直径约3厘米的马卡龙面糊，挤好后稍微用手在烤盘下拍打，震出空气。

11 置于阴凉处静置30分钟至1小时（时间长短需视室温及湿度而定），让表面干燥结皮，至用手指轻压不沾手的程度才能入烤箱烘烤。以140℃烤15~17分钟。烤好后一定要先放凉才能拿起。

> ◤ **制作笔记** ◥
>
> • 蛋清请用老蛋清，制作前先将蛋清冷藏3天至1周。
> • 为使做法11的外壳干燥，可以使用电扇或冷气加速风干表面。

柠檬黄油馅料

12 将适量柠檬皮屑加入80克细砂糖中，用手搓揉成柠檬砂糖后，静置10~15分钟备用。

13 将全蛋、蛋黄、玉米淀粉及做法12的柠檬砂糖倒入搅拌盆中，搅拌均匀成蛋黄锅备用。

14 将柠檬汁倒入汤锅中，煮滚后关火，倒入做法13的蛋黄锅中搅拌均匀（沸腾的柠檬汁倒入蛋黄锅时，要不停搅拌，防止蛋黄锅变熟）。搅拌均匀后再倒回汤锅中，以中小火煮至浓稠状后关火并过筛，等待降温至40℃。

15 将室温软化的无盐黄油搅拌至呈乳霜状后，加入已降温至40℃以下的做法14的材料中，搅拌至黄油融化成顺滑的柠檬黄油馅料（加入无盐黄油后，可用食物料理棒搅拌至黄油融化成顺滑状）。

16 用保鲜膜紧贴柠檬黄油馅料，冷藏至稍微凝固（可挤馅的程度）。

17 将柠檬黄油馅料装入裱花袋，挤入放凉的马卡龙外壳中即完成。

可露丽

材料
（可制作约8个）

牛奶 — 500克
香草荚 — 1/2根
蛋黄 — 50克
鸡蛋 — 30克
细砂糖 — 150克
低筋面粉 — 125克
无盐黄油（液态）— 50克
朗姆酒 — 15克
无盐黄油（液态）— 少量（涂抹模具用）

做法

1 牛奶中加入香草荚煮沸（一定要煮沸），以滤网过滤后，放至无蒸汽，备用。

2 将蛋黄、鸡蛋、细砂糖一起搅拌至泛白。

3 做法2的蛋液中加入低筋面粉与融化成液态的无盐黄油，搅拌均匀。

4 接着倒入做法1的牛奶，再加入朗姆酒拌匀。

5 将做法4的面糊盖上保鲜膜，放入冰箱冷藏24小时熟成。

6 模具内先涂抹融化黄油，放入冰箱冷冻5分钟。

7 将已经熟成的做法5的面糊从冰箱取出，搅拌均匀后先倒入量杯，再倒入模具中七分满。

8 烤箱210℃烤15分钟，改以180℃继续烤50分钟。中间每隔几分钟查看一次，若面糊膨胀高过模具，就必须打开烤箱门或先取出模具，使其降温消下去，或戴隔热手套拍打模具，让膨胀的面糊消下去后再烤，反复此操作至时间完成。

法式缤纷闪电泡芙

材料

（可制作约30条）

泡芙面糊

无盐黄油 — 125克
水 — 125克
牛奶 — 125克
细砂糖 — 5克
海盐 — 2.5克
低筋面粉 — 150克
全蛋（室温） — 300克

卡仕达鲜奶油酱

蛋黄 — 145克
细砂糖A — 80克
玉米淀粉 — 55克
牛奶 — 600克
香草荚 — 1根
细砂糖B — 70克
打发鲜奶油 — 200克

巧克力甘纳许淋面

巧克力 — 200克
鲜奶油 — 200克
色拉油 — 10克

其他

装饰用糖珠 — 适量

做法

泡芙面糊

1 将无盐黄油、水、牛奶、细砂糖与海盐入锅，以中大火煮沸，至黄油化开后转小火。

2 将低筋面粉过筛，加入做法1的液体中，用硅胶刮刀搅拌，让面粉受热糊化，水分蒸发会产生黏性，在锅底结成薄膜即可离火。

3 待做法2的面糊稍微降温后，将全蛋液分次加入。用电动打蛋器中速搅打至拉起后面糊流下成倒三角形即可。

4 将做法3的面糊倒入装有菊花嘴的裱花袋中，挤出有纹路、长约10厘米的条（或以叉子蘸少许水画出纹路），放入烤箱，175℃烤30~35分钟（中途绝对不可开烤箱门）。

卡仕达鲜奶油酱

5 将蛋黄、细砂糖A、玉米淀粉用打蛋器混拌均匀备用。

6 将牛奶、香草荚中取出的香草籽、细砂糖B一起煮至小滚后，慢慢倒入做法5的容器中（手要不停搅拌防止蛋黄遇热凝固）。搅拌均匀后，倒回锅中煮至浓稠后过筛，并用保鲜膜贴紧降温。

7 将打发至湿性发泡的鲜奶油加入已经放凉的做法6的材料中拌匀，倒入装有圆形裱花嘴的裱花袋中备用。

巧克力甘纳许淋面

8 鲜奶油煮至小滚，加入巧克力，搅拌均匀成液态。

9 将色拉油加入做法8的液体中，拌匀成巧克力甘纳许淋面。

10 将烤好放凉的做法4的泡芙壳底部，用筷子插出三个孔洞。

11 接着将做法7的卡仕达鲜奶油酱挤入泡芙壳中。

12 泡芙壳表面沾裹做法9的巧克力甘纳许淋面，最后撒上装饰用糖珠即完成。

柠檬玛德琳

材料

（可制作约17个）

面糊

无盐黄油 — 80克
细砂糖 — 110克
柠檬皮 — 2颗量
鸡蛋 — 2颗
牛奶 — 35毫升
低筋面粉 — 130克
无铝泡打粉 — 5克

糖霜

糖粉 — 100克
柠檬汁 — 20～25克

其他

无盐黄油（液态）— 少量（涂抹模具用）
低筋面粉 — 少量（撒在模具上）

做法

面糊

1 将无盐黄油煮至呈褐色的液体，放凉备用。

2 将柠檬皮刮削成屑（预留少量柠檬皮屑备用），加入细砂糖混拌搓揉成柠檬糖，静置15分钟备用。

3 将做法2的柠檬糖加入蛋液中，搅拌均匀至砂糖化开。

4 再加入牛奶拌匀。

5 加入过筛的低筋面粉和无铝泡打粉，拌匀成面糊。

6 做法5的面糊中，加入放凉的做法1的液态黄油拌匀，盖上保鲜膜，冷藏一晚备用。

7 烤模内里涂抹黄油，撒上低筋面粉后倒扣，将多余的面粉倒出。

8 将冷藏一晚的做法6的面糊拌匀，倒入裱花袋中，挤入玛德琳贝壳模中约八分满。

9 入烤箱以180℃烤约20分钟，烤好倒出放凉。

糖霜 ————————————————————————

10 将糖粉加柠檬汁混拌均匀成柠檬糖霜。

11 将烤好放凉的玛德琳淋上柠檬糖霜，撒上步骤2预留的柠檬皮屑即可。

芒果芝士蛋糕

材料

（直径20厘米的慕斯模，可制作约1个）

全麦饼干 — 140克
无盐黄油（液态）— 60克
吉利丁粉 — 7克
水 — 45克
奶油奶酪（室温软化）— 160克
原味酸奶 — 130克
细砂糖 — 50克
芒果泥（或芒果汁）— 80克
柠檬汁 — 15克
鲜奶油 — 150克
芒果丁 — 200克

做法

1 将全麦饼干用料理机打碎成粉（若无料理机也可以将饼干装入塑料袋中，用擀面杖或大汤匙碾碎成粉）。加入融化成液态的无盐黄油拌匀。

2 慕斯模下方用保鲜膜包住，将做法1的材料平铺在底层并压紧。

3 取吉利丁粉，加入45克水，搅拌均匀备用。

4 奶油奶酪加入原味酸奶快速搅拌均匀，再加入细砂糖拌匀。将芒果泥（或芒果汁）与柠檬汁加入拌匀。

5 将做法3吸饱水的吉利丁粉隔水加热，边加热边搅拌至液态，加入做法4的奶油奶酪糊拌匀。

6 接着将做法5的奶油奶酪糊过筛。

7 将鲜奶油打至六分发，加入做法6的奶油奶酪糊中拌匀。

8 备一盆冰水，将做法7的奶油奶酪糊整盆放入，隔冰水搅拌均匀至较为浓稠。

9 加入芒果丁拌匀。倒入慕斯模内，冷藏1小时后取出脱模即可。

莓慕传情

材料

（可制作约2个6吋*蛋糕）

蛋糕体（围边、夹层及底座）

蛋黄 — 40克

细砂糖A — 10克

蛋清 — 80克

细砂糖B — 40克

低筋面粉 — 50克

糖粉 — 适量

树莓慕斯

吉利丁片 — 3克

树莓果泥 — 30克

凉白开 — 50克

细砂糖 — 20克

原味酸奶 — 60克

打发鲜奶油 — 80克

草莓 — 3颗

组合与装饰

草莓 — 7颗

薄荷叶 — 适量

防潮糖粉 — 适量

朗姆酒 — 10克（可不加）

镜面果胶 — 适量

装饰缎带 — 适量

做法

蛋糕体（围边、夹层及底座）

1 将蛋黄混合细砂糖A，打发至乳白色，即成蛋黄锅备用。

2 蛋清中分次加入细砂糖B，打发至坚挺的硬性发泡状态，成蛋白锅。

3 先取蛋白锅中1/3的蛋白霜，加入做法1的蛋黄锅中搅拌均匀。

4 将做法3的材料倒回剩余蛋白锅中，轻柔搅拌均匀。

5 低筋面粉过筛，加入做法4的材料中，用刮刀轻柔地混拌均匀。需注意不可搅拌过度，避免消泡。接着倒入装有圆形花嘴的裱花袋中。

6 挤出七八厘米的长条及2片圆形螺旋状面糊（可用6吋蛋糕模底部量测大小及围边的长），烤箱180℃烤13～15分钟。此蛋糕体将用作围边、夹层及底座。

7 烤好后取出放凉，撒上糖粉。

树莓慕斯

8 先将吉利丁片用冰开水泡软备用。

9 取树莓果泥及凉白开、细砂糖入汤锅，煮沸后关火。

10 将做法8已软化的吉利丁片拧干，加入做法9的果泥锅中，搅拌至吉利丁片化开，放凉。

11 向做法10的锅中加入原味酸奶，搅拌均匀。

12 加入打至六分发（湿性发泡）的鲜奶油，拌匀后加入切成丁的草莓混拌均匀。

> **制作笔记**
>
> • 树莓果泥可至食材店选购现成冷冻果泥使用，可参考品牌如Les Vergers Boiron宝茸冷冻树莓果泥（另有草莓果泥可替换使用）。
> • 镜面果胶可至食材店购买。

组合

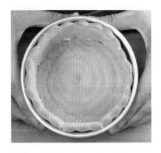

13 用剪刀将做法7的蛋糕体修剪成适当大小。先做围边，然后放置一片圆形蛋糕体作为底座。蛋糕内侧可涂抹朗姆酒。

14 倒入做法12的树莓慕斯糊，倒一半时铺上另一片圆形蛋糕夹层，再继续倒入慕斯糊。冷藏2小时或冷冻1小时，使慕斯凝固。

装饰

15 将凝固的慕斯蛋糕取出，放上草莓、薄荷叶，撒上防潮糖粉。也可在草莓上涂抹镜面果胶装饰，最后绑上装饰缎带即可。

咖啡提拉米苏

（可制作约7杯）

饼干体

无盐黄油（室温软化）— 150克

细砂糖 — 150克

低筋面粉 — 150克

杏仁粉 — 150克

咖啡粉 — 10克

盐 — 少许

酱料

水 — 40克

细砂糖 — 40克

蛋黄 — 4个

马斯卡彭芝士 — 500克

鲜奶油 — 200克

防潮可可粉 — 25克

草莓或樱桃 — 适量

做法

饼干体

1 将无盐黄油加细砂糖搅拌（用桨状搅拌器）至乳霜状。

2 再加入过筛的低筋面粉、杏仁粉、咖啡粉、盐，揉成面团。

3 将面团置于烤盘上，用擀面杖擀平，入烤箱，170℃烤20～30分钟。

4 取出放凉，用手捏碎（捏碎程度依个人需要的口感）。

酱料

5 取酱料材料中的水加入细砂糖，加热煮至118～120℃。同时把蛋黄搅拌打发。

6 将做法5的糖浆倒入正在打发的蛋黄中，搅拌至温度降为约40℃（大约和体温相仿），放置备用。

7 将马斯卡彭芝士拌成乳霜状，加入打至七分发的鲜奶油中轻柔拌匀。

8 将做法6的蛋黄锅加入做法7的奶油糊中，搅拌至均匀顺滑，倒入裱花袋。

组合

9 透明容器中放入一层碎饼干、一层酱料，重复此步骤。

10 最上面一层酱料用刮刀刮平，撒上一层防潮可可粉。加上草莓或樱桃后冷藏6小时。若冷冻则口感会像冰淇淋。

豹纹轻芝士蛋糕

材料

（可制作约2个6吋蛋糕）

牛奶 — 264克

无盐黄油 — 80克

奶油奶酪 — 216克

低筋面粉 — 21克

玉米淀粉 — 35克

蛋黄 — 117克

蛋清（室温）— 227克

细砂糖 — 137克

深黑可可粉（或竹炭粉）— 适量

浅色可可粉 — 适量

做法

1 将牛奶与无盐黄油入汤锅煮沸，冲入已装有奶油奶酪的锅（或不锈钢盆）中，隔水加热，搅拌至奶油奶酪完全化开。

2 将低筋面粉加玉米淀粉一起过筛，之后加入做法1的奶油奶酪中，搅拌均匀。

3 接着将蛋黄加入，搅拌均匀后过筛备用。

4 将室温的蛋清打发，将细砂糖分三次加入，一起搅打至湿性发泡。

5 再将做法4打发的蛋白分二三次加入做法3的蛋黄锅中，搅拌均匀。

6 将做法5的面糊各挖出两小份，一份加入深黑可可粉或竹炭粉，另一份加入浅色可可粉，拌匀，分别倒入裱花袋中。

7 将做法5剩余的面糊倒入固定式烤模中（底部需铺烘焙纸）约八分满。将做法6的裱花袋各剪一个小孔，挤出豹纹图案。

8 以水浴蒸烤的方式（烤盘放置水加冰块蒸烤，水的高度为模具高度的1/3），先以上火220℃、下火140℃烤15分钟，转上火170℃、下火140℃烤15分钟，接着在烤箱门夹个手套（若有蒸汽需将门打开），再烤40分钟（共需70分钟），即可取出脱模。

纯素猕猴桃芝士蛋糕

材料

（可制作约2个5吋蛋糕）

蛋糕底座

综合坚果 — 180克

五谷粉 — 30克

海盐 — 少许

去核椰枣 — 90克

椰子油 — 5克

馅料

无糖豆浆 — 340克

枫糖浆 — 100克

蔗糖 — 60克

海盐 — 少许

琼脂粉 — 15克

橄榄油 — 30克

嫩豆腐 — 500克

腰果 — 300克

柠檬汁 — 25克

铺面装饰

猕猴桃切片 — 适量

镜面果胶 — 适量

防潮糖粉 — 适量

做法

蛋糕底座

1 先将嫩豆腐蒸熟，放置滤网上，以重物压约3小时，沥出水分后备用。

2 将腰果用饮用水浸泡约3小时，使腰果软化，沥干水分备用。

3 将综合坚果、五谷粉、海盐、去核椰枣、椰子油一起放入食物料理机，打成细碎偏黏稠状。

4 在慕斯钢圈内放置透明围边，并将底部包上保鲜膜，将做法3的坚果面团平压至底部后，冷藏备用。

馅料 + 铺面

5 接着将无糖豆浆、枫糖浆、蔗糖、海盐一起入汤锅，煮至糖化开。将琼脂粉分次慢慢加入，煮至溶解后再加入橄榄油煮沸，拌匀后关火备用。

6 在食物料理机中放入沥干水分、掰成块的嫩豆腐，接着倒入软化的腰果，加入柠檬汁。将做法5的琼脂糖浆倒入食物料理机中，搅拌至呈浓稠乳霜状，降温后放入裱花袋中。

7 将猕猴桃切片贴合至慕斯透明围边四周。

8 将做法6的馅料挤入填满，用汤匙或刮刀将表面整平。

9 将猕猴桃切片平铺在顶部表面作为装饰，最后刷上适量的镜面果胶即完成。也可不铺水果切片，整平后直接撒防潮糖粉即可。

平安旺来凤梨酥

材料

（长方形模，可制作约50个）

酥皮

无盐黄油（室温软化）— 225克

无水奶油 — 225克

糖粉 — 165克

鸡蛋 — 165克

低筋面粉 — 600克

奶粉 — 90克

芝士粉 — 50克

盐 — 1/2小匙（约2.5克）

馅料

凤梨 — 2000克

青苹果 — 400克

水饴 — 100克

黄砂糖 — 150克

香草荚 — 1根

做法

酥皮

1 将软化的无盐黄油加无水奶油混拌均匀。

2 加入糖粉打发至泛白。

3 将鸡蛋分次加入做法2的材料中，待每次蛋液充分吸收后再加入。

4 将低筋面粉、奶粉、芝士粉和盐一起过筛后加入做法3的材料中，搅拌制成面团（不要过度搅拌）。用保鲜膜包好，冷藏松弛30分钟。

5 将冷藏面团取出切割成五等份，每份皆搓成长条并分割成10小份（每小份约30克），将每小份搓揉成球。

馅料

6 将凤梨切成小丁或丝，连同凤梨汁放入锅中，加入削皮切丁的青苹果，以中大火煮至稍微收汁。

7 加入水饴、黄砂糖、香草荚和香草籽，翻炒至收汁浓稠，并煮至馅不黏手。取出香草荚后，冷藏降温凝固备用（浓缩后约为750克）。

8 将做法7的馅料分成50份（每份约15克），搓揉成球形，放入冰箱冷冻15分钟（帮助定形好操作）。

9 将做法5已分割好的酥皮面团稍微压扁，包入做法8的凤梨馅料，揉搓成椭圆形，用压模器压入凤梨酥模。放入烤箱以170℃烤15分钟，翻面后将凤梨酥模拿起来，再烤10～15分钟即可。

第三章

/

坚持——
只在原地做梦，
不如踏步向前

对我来说，成功其实没有什么捷径，就只有不断地练习与尝试，还有最重要的是"坚持"。

从暂别演艺工作那两年直到现在，我始终相信，这样的态度是成就我不同人生的关键。

遇到挫折也要坚持下去

我觉得烘焙可以成为一份工作，是从网络接单开始的。我在演艺工作暂停的那段时间，常会在网络社群和"粉丝"与朋友们分享制作成果，大家给我的反馈很热情，不少人发私信问我能否订购。基于大家的肯定，于是我决定从牛轧糖试起。起初先开放限量50包，没想到瞬间被抢光，最后还追加到100包。不过，我当时对大量制作甜点没什么概念与经验，又坚持一切都要亲手制作，最后我一个人切牛轧糖切到手臂肌腱发炎，到现在都还对牛轧糖有一点心理阴影。

　　虽然如此，我依然持续研发和创作不同甜点，也没有放弃做牛轧糖（但不能一次做太多），后来甚至成立了"乐芙依"网络商店，以马卡龙为主力商品，偶尔搭配一些我自己研发的新口味甜点。就这样，甜点真的成为我的新事业与新方向。

　　好在当时的我没有因为一开始的挫折或辛苦就却步。在那只能专注做甜点的两年间，我期望将烘焙的能力提升到足以让我生活无虑的程度，使烘焙成为真正属于自己的生活技能。为了让家人与朋友安心，也希望大家相信我可以做到，我加倍坚持走在这条路上，并且认真做出成果。

只要有心，就能破除万难

在开店的过程中，也有特别的小故事。

法式甜点为了颜色漂亮，里面不免会添加一些可食用人工色素，对人体来说只要不过量便是无害的。有一次，我的"乐芙依粉丝团"账号收到一位妈妈的私信，她说很想让孩子吃马卡龙，但孩子有多动症，在饮食中必须避开某些人工色素，她想知道我的马卡龙中是否用到这些原料。

这位妈妈的提问反倒让我思考，或许我应该创作出一些只用天然食材来显色的马卡龙，这样我的甜点可以让人吃得更安心。

　　我做了许多尝试与实验，总算找到一些合适的天然食材色粉，确定能够显出漂亮的颜色后，开发出一个新的"甜心"系列马卡龙，而这名称也是为了回应那位妈妈爱孩子的心。

　　不过，天然食材色粉的显色稳定度不够，让我第一次出单时吃足苦头。我在制作好第一批甜心马卡龙时发现，新订购的天然食材粉做不出原来的颜色，为了表示歉意，我在"乐芙侬粉丝团"账号上向大家说明，并恳请顾客原谅，也很感谢当时大家的体谅。之后我再经历一轮反复的实验与试做，终于找出保住颜色的关键，才让这个系列恢复出货，甚至后来成为我最具特色的商品之一。

　　那时的我，本可以遇到挫折就选择放弃，回归到原来的做法，但是我不让自己被困难打败，并且凭着"坚持"继续下去。

用有限的时间，成就最大的事

想到有些朋友在我刚开始学烘焙时，曾说想跟我一起去学。当时我决心要做这件事，不管三七二十一就去报名课程。过了几年，我考上证照；再过几年，我当了甜点老师开课教学，甚至现在还出书。但原先说要和我一起去学的朋友们，还在那个原点，没有真正跨出一步。

许多人也是这样，常抱怨自己的时间不够用。我想到自己当时可以运用的时间似乎也没有比谁多。我曾经必须同时兼顾上课与拍戏，每天五点多起床去工作，到凌晨才回家，隔天继续这样的生活，但是我把握中间仅有的一点零星时间去上课，并在家练习实践。我因此也更懂得珍惜那一点点的时间，把接收到的知识学到会。

从学做甜点这件事，我领悟到"要做有效率的事"，不该把时间都拿来抱怨或当作原地踏步的借口。

追求梦想的路上尽管充满荆棘与坎坷，但是会比你停留在原地更加接近幸福。如果你只是驻足遥望着梦想，或是走着走着遇到痛苦就停下脚步，而那个你梦想中的幸福，要何时才能触碰到呢？

通过我的这些经历，想与大家分享的是：坚持住，才会有结果。

还有，不论做任何事，如果裹足不前，只会离幸福更遥远。

熔岩巧克力蛋糕

材料

（直径6厘米慕斯模，可制作约3个）

黑巧克力 — 100克
无盐黄油 — 90克
鸡蛋 — 2颗
蛋黄 — 2个

糖粉 — 100克
可可粉 — 25克
低筋面粉 — 30克

做法

1 将黑巧克力与无盐黄油一起用微波加热，使其化成液态。

2 将鸡蛋、蛋黄、糖粉一起搅拌均匀。

3 将做法1的巧克力黄油混合液倒入做法2的材料中拌匀。

4 将可可粉与低筋面粉过筛，倒入做法3的材料中拌匀。

5 准备有高度、直径6厘米的慕斯模，在底部及围边铺上烘焙纸。将做法4的面糊倒入慕斯模七分满，放入冰箱冷冻5~7分钟（摇晃巧克力面糊不会流动），再放入烤箱以190℃烤15~17分钟。

6 烤到结皮且中心有点水水的状态后出炉，马上脱模即可（因金属模会导热，需尽快脱模）。

莓果蜂蜜热蛋糕

材料
（直径15厘米的慕斯模，可制作约2个）

蛋黄 — 2个
蜂蜜 — 15克
海盐 — 2克
牛奶 — 120克
无盐黄油（液态）— 40克

低筋面粉 — 130克
无铝泡打粉 — 2克
蛋清 — 2个
细砂糖 — 10克
莓果酱 — 适量

做法

1 将蛋黄、蜂蜜和海盐一起拌匀。

2 加入牛奶和加热至液态的无盐黄油 (留少许黄油备用)，拌匀。

3 接着加入过筛的低筋面粉和泡打粉，拌匀成没有结块的面糊，先放置一旁备用。

4 取2个鸡蛋的蛋清加入细砂糖，打发至湿性发泡。

5 将做法4的蛋白霜分次加入做法3的面糊中拌匀。

6 取平底锅，用小火热锅并放上慕斯圈。取剩下的黄油涂抹慕斯圈底层避免烧焦，并倒入适量的做法5的面糊。

7 使用锅盖或耐热铁盘盖住慕斯圈，小火煎12～15分钟，翻面后再煎10分钟。

8 关火脱模，盛盘并淋上莓果酱即完成。

婚礼杯子蛋糕

材料 ▶

（可制作约20个）

蛋糕体

无盐黄油（室温软化）— 220克
细砂糖 — 200克
鸡蛋 — 4颗
低筋面粉 — 320克
可可粉 — 25克
无铝泡打粉 — 6克
牛奶 — 250毫升

挤花酱料

奶油奶酪（室温软化）— 250克
无盐黄油（室温软化）— 50克
糖粉 — 100克
糖珠 — 适量

做法 ▶

蛋糕体 ————————————————

1 向无盐黄油中加入细砂糖（分3次加入），搅拌至呈乳霜状。

2 将鸡蛋分次加入做法1的黄油中，搅拌至完全吸收。

3 将低筋面粉、可可粉与泡打粉过筛。

4 将做法3的粉类和牛奶分次交错加入做法2的材料中搅拌。

5 烤盘放上耐烤蛋糕纸杯，将做法4的面糊倒入杯中约八分满，入烤箱以170℃烤20～25分钟，出炉放凉。

挤花酱料 ————————————————

6 将奶油奶酪加上无盐黄油，与过筛后的糖粉一起慢慢搅拌均匀，呈乳霜状后放入装有花形裱花嘴的裱花袋中。

7 在杯子蛋糕上挤花装饰，撒上糖珠点缀即可。

抹茶戚风蛋糕

材料

（可制作约2个6吋蛋糕）

蛋黄面糊

蛋黄 — 5个

细砂糖 — 40克

水 — 60克

色拉油 — 60克

抹茶粉 — 8克

低筋面粉 — 100克

蛋白面糊

蛋清 — 5个

细砂糖 — 100克

装饰

鲜奶油 — 适量

抹茶粉 — 适量

做法

蛋黄面糊

1 将蛋黄与细砂糖加入盆中，搅拌至糖完全化开。

2 再依序加入水与色拉油，搅拌均匀。

3 低筋面粉与抹茶粉过筛后，加入做法2的材料中拌匀。

蛋白面糊

4 将蛋清倒入搅拌机中打发，细砂糖分次加入。

5 将做法4的材料打发至湿性发泡。

6 将做法5中约1/3的蛋白霜，加入做法3的抹茶蛋黄面糊中，搅拌均匀。

7 将做法6的材料整个倒回做法5的蛋白锅中，以切拌的方式拌匀（拌过头会消泡）。

8 将做法7的面糊倒入戚风蛋糕模中，以180℃烤50分钟。

9 出炉后倒扣放凉，脱模后可加适量打至五分发的鲜奶油，并撒上抹茶粉做装饰即可。

老奶奶柠檬蛋糕

材料

（可制作约2个6吋蛋糕）

蛋糕体

柠檬皮 — 1颗量

细砂糖 — 180克

鸡蛋 — 293克

柠檬汁 — 13克

低筋面粉 — 240克

无盐黄油 — 67克

鲜奶油 — 67克

柠檬糖霜

糖粉 — 250克

柠檬汁 — 50克

做法

蛋糕体

1 将柠檬的绿色表皮先刮削成碎屑，与细砂糖混合搓揉成柠檬糖，静置15分钟（留少量柠檬皮屑备用）。

2 将鸡蛋磕入盆中，加入做法1的柠檬糖，隔水加热至40℃。

3 将做法2的鸡蛋打发成丝绸状，即滴落时纹路不会马上消失。接着倒入柠檬汁搅拌均匀。

4 将低筋面粉过筛，分次加入做法3的材料中拌匀。

5 将无盐黄油与鲜奶油一起用微波炉加热或用锅煮至化开，降温至50℃以下，加入做法4的容器中拌匀。

6 将做法5的材料倒入铺好烘焙纸的模具中，放入烤箱，180℃烤30分钟。

柠檬糖霜

7 将柠檬汁倒入糖粉中混拌均匀。

8 将已放凉的蛋糕倒过来放置，去除周围及底部的烘焙纸，淋上柠檬糖霜，再撒上预留的柠檬皮屑即可。

玫瑰苹果红茶戚风蛋糕

做法

蛋糕体

1 将无盐黄油、色拉油、水一起入锅煮沸。

2 将红茶粉加入拌匀，等待稍微降温。

3 将过筛的低筋面粉和玉米淀粉加入做法2的锅中，拌匀成类似面团的面糊，倒入另一个盆中。

4 将蛋黄分次加入做法3的面糊中，拌匀备用。

5 蛋清中加入少许柠檬汁打发，将细砂糖分3次加入，搅打至湿性发泡。

6 取做法5打发蛋白的1/3，加入做法4的容器内拌匀，再倒回做法5的蛋白霜内，以切拌方式拌匀（轻柔拌匀，避免消泡）。

制作笔记

红茶粉可至超市或烘焙用品材料店购买。

7 倒入戚风烤模中，放入烤箱，180℃烤30～35分钟。烤好后需倒扣，放凉后脱模。

材料

（可制作约1个6吋蛋糕）

蛋糕体

无盐黄油 — 30克

色拉油 — 30克

水 — 30克

红茶粉 — 5克

低筋面粉 — 80克

玉米淀粉 — 20克

蛋黄 — 7个

蛋清 — 7个

柠檬汁 — 少许

细砂糖 — 90克

苹果酱

青苹果 — 30克

红苹果 — 30克

细砂糖 — 50克

柠檬汁 — 半个量

玫瑰花瓣 — 适量

苹果酱 ————————————

8 青苹果与红苹果去皮切丁。加入细砂糖与柠檬汁，煮至浓稠收汁后以滤网过滤。

9 将苹果酱淋在做法7烤好放凉的蛋糕上，撒上玫瑰花瓣即可。

浓情巧克力蛋糕

材料

（可制作约1个6吋蛋糕）

蛋糕体

无盐黄油（室温软化）— 200克

细砂糖 — 100克

低筋面粉 — 140克

可可粉 — 60克

无铝泡打粉 — 10克

盐 — 少许

鸡蛋 — 4颗

巧克力鲜奶油（夹层及四周）

苦甜巧克力 — 100克

鲜奶油 — 250克

装饰

卷心酥 — 适量

水果（草莓、蓝莓、樱桃等）— 适量

装饰缎带 — 适量

做法

蛋糕体

1 将无盐黄油、细砂糖用立式搅拌机的桨状搅拌棒，搅拌至呈乳霜状。

2 将低筋面粉、可可粉、泡打粉过筛后，加盐拌匀。

3 将做法2的一半粉类加入做法1的黄油中搅拌均匀。

4 加入2颗鸡蛋拌匀后，再加入做法2的另一半粉类拌匀，接着再加入剩下的2颗鸡蛋拌匀。

5 倒入模具中（使用活动模，围边和底部铺烘焙纸）至七八分满，放入烤箱，180℃烤30～40分钟。

巧克力鲜奶油

6 将苦甜巧克力用微波炉或隔水加热成液态，放置冷却。

7 鲜奶油打至六七分发，加入做法6的液态巧克力，拌匀。

组合

8 将蛋糕顶部凸起处切平，将蛋糕切半，中间涂抹做法7的巧克力鲜奶油。

9 放上切半的草莓，然后再涂抹一层巧克力鲜奶油，将另一半蛋糕体盖上。

10 在蛋糕周围先涂抹一层做法7的巧克力鲜奶油，将卷心酥沿着周围排列一圈，接着绑上装饰缎带，再将水果放于蛋糕顶部即可。

> **制作笔记**
>
> 如果怕卷心酥受潮软化，可先将卷心酥裹上一层巧克力，也可直接购买已裹巧克力的卷心酥或巧克力棒。

生乳蛋糕卷

材料

（烤盘约长43厘米、宽32厘米、高3厘米）

蛋糕体

蛋黄 — 150克

细砂糖A — 60克

蛋清 — 190克

细砂糖B — 90克

低筋面粉 — 100克

色拉油 — 45克

馅料

鲜奶油 — 400克

细砂糖 — 40克

做法

蛋糕体

1 蛋黄加细砂糖A，隔水加热至40℃，搅拌打至泛白后备用。

2 将蛋清打发，细砂糖B分3次加入，搅打至湿性发泡（蛋白勾起状）。

3 将做法2的打发蛋白，先取约1/3放入做法1的容器中，搅拌均匀。

4 将做法3的材料再全部倒回做法2的蛋白霜中，以切拌的方式轻柔拌匀。

5 将低筋面粉过筛后加入，拌匀。

6 挖1匙做法5的面糊，加入色拉油中拌匀，再倒回面糊盆中，搅拌均匀。

7 烤盘铺上烘焙纸，倒入面糊后用刮刀板抹平。

8 放入烤箱，180℃烤18～20分钟。取出后将蛋糕体放于冷却架上，将四周边的烘焙纸撕开放凉。

制作并涂抹馅料

9 鲜奶油中加入40克细砂糖，用搅拌器打至六七分发。

10 蛋糕放凉后，表面铺一层烘焙纸后翻面，撕去底部烘焙纸。

11 在靠近身体一侧的蛋糕体上轻轻划出三条浅刀痕，以方便卷起。

12 将整片蛋糕涂抹上做法9的打发鲜奶油。

13 用长擀面杖垫在纸下，卷起蛋糕卷。

14 卷好后，将蛋糕卷两侧烘焙纸卷起固定，冷藏至凝固定形即可。

抹茶绿光点点蛋糕卷

材料

（烤盘约长43厘米、宽32厘米、高3厘米）

蛋糕体

蛋黄 — 200克

植物油 — 80克

牛奶 — 130克

盐 — 4克

低筋面粉 — 170克

蛋清 — 400克

柠檬汁 — 适量

细砂糖 — 100克

抹茶粉 — 3克

抹茶鲜奶油

鲜奶油 — 400克

抹茶粉 — 5克

糖粉 — 40克

做法

1 将蛋黄、植物油、牛奶、盐混合，用打蛋器搅拌均匀。

2 低筋面粉过筛，加入做法1的材料中，搅拌均匀备用。

3 在蛋清中加入一点柠檬汁，细砂糖分3次加入，搅打至湿性发泡。

4 取做法3打发蛋白的1/3，加入做法2的面糊中搅拌均匀，再全部加回做法3的蛋白霜内拌匀。

5 从做法4的面糊中取出约90克，与抹茶粉混拌均匀后，放入装有圆形小孔花嘴的裱花袋中。

6 将做法5的绿色面糊挤入铺好烘焙纸的烤盘中，挤出不同大小的圆点后，放入烤箱以170℃烤约2分钟，取出，让圆点凝固。

7 将做法4剩余的面糊倒入做法6的烤盘，表面用刮刀板抹平后，170℃烤18～20分钟。

8 烤好后将蛋糕拖出烤盘，放于冷却架上，将四周烘焙纸撕开，等待冷却。

9 等待冷却期间制作抹茶鲜奶油，在冰的鲜奶油中加入抹茶粉和糖粉，打发至湿性发泡。

10 将放凉的蛋糕体用一张烘焙纸覆盖后翻面，将有圆点那面的烘焙纸撕去，再翻回另一面。

11 在靠近身体一侧的蛋糕体上，轻划出三条刀痕，以方便卷起。将做法9的抹茶鲜奶油均匀抹在没有圆点的那面蛋糕体上。

12 用长擀面杖垫在烘焙纸下，卷起蛋糕卷。

13 卷好后，将蛋糕卷两侧烘焙纸卷起固定，冷藏至凝固定形，即可切开。

玫瑰莓果母亲节蛋糕

材料

（可制作约2个6吋蛋糕）

蛋糕体

牛奶 — 102克

色拉油 — 83克

可可粉 — 30克

低筋面粉 — 90克

玉米淀粉 — 23克

蛋黄 — 135克

朗姆酒 — 8克

蛋清 — 285克

细砂糖 — 102克

柠檬汁 — 适量

莓果鲜奶油

鲜奶油 — 1000毫升

糖粉 — 85克

琼脂粉 — 8克

树莓粉 — 3克

甜菜根粉 — 3克

树莓酱 — 适量

装饰

糖珠 — 适量

做法

蛋糕体

1 在牛奶中加入色拉油，煮至有油纹、冒小泡。

2 将可可粉、低筋面粉、玉米淀粉过筛加入做法1的液体中，搅拌制成面团。

3 加入蛋黄搅拌均匀。

4 加入朗姆酒搅拌均匀备用。

5 将蛋清加入一点柠檬汁打发,细砂糖分次加入,打发至湿性发泡。

6 取做法5打发蛋白的1/3,加入做法4的蛋黄可可面糊中,拌匀后再倒回做法5的蛋白霜中,以切拌的方式拌匀。

7 将做法6的面糊倒入6吋模具中,放入烤箱,160℃烤35～40分钟。

莓果鲜奶油

8 在鲜奶油中加入糖粉、琼脂粉、树莓粉、甜菜根粉,一起打发至湿性发泡。

9 取做法8打发鲜奶油的一部分,和树莓酱混拌均匀后,冷藏备用(做夹馅使用)。

10 将做法8的其余鲜奶油继续打发至硬性发泡(用搅拌器舀起时,呈现尖角不会下垂的硬挺状态),倒入装有花形裱花嘴的裱花袋中,冷藏备用。

组合装饰

11 将做法7的蛋糕体脱模后,对半均分切成上下两片。

12 取下面那片蛋糕体,上方涂抹一层做法9的树莓酱鲜奶油,再盖上另一半蛋糕体。

13 外围先涂抹些做法10的鲜奶油(裱花更容易附着在上面),再开始裱花。最后可撒上糖珠装饰。

第四章

创造——
开开心心挥洒想象力

喜欢学习的人，

会让自己的心境保持年轻与活力，

整个人就充满了动力。

与甜点相处的这些年来，我发现甜点不仅让我学会疗愈自己，也让我得以发挥自己那无边的想象力。

我在学会一个技能后，往往会想做出有个人代表性的作品，甜点当然不例外。从会做甜点开始，每次制作前我都会思考各种可能性，并且尝试新的想法。

甜点成就了一个我的创作舞台，让我有空间不断发挥我的创造力，也因此获得更多正能量。

学习是最好的保养品

我常常会思考甜点可以有什么新的玩法？如何在经典的甜点中做一些变化，无论是外观上或口味上，我想要创作出属于我个人风格的甜点。

比方说在手作牛轧糖还不流行时，我就尝试过在其中加夏威夷果、蔓越莓干，还有玫瑰花，我觉得这样可以让牛轧糖吃起来口感更丰富。当时还没看过有人这样玩牛轧糖，没想到这些口味的牛轧糖，之后竟然成为网络上很受欢迎的点心名品。

很多人问我这源源不绝的想象从何而来？

我上课时常常对学生说："学习是最好的保养品。"因为当你拥有好奇心时，自然在学习时能更好地吸收，可以让脑袋随时处于灵活的状态。学习还能让人打开视野，创意与灵感往往会从所见所闻中偶然萌发。

喜欢学习的人，会让自己的心境保持年轻与活力，整个人就充满了动力。

越忙越需要做甜点

　　觉得有点辛苦有点累的时候，我就想做一件让自己既开心又疗愈的事。

　　我很享受在深夜一个人做甜点的感觉，这是专属于我的"深夜烘焙坊"。在这样独处的过程中，我可以自在面对自己的喜怒哀乐，可以更深入了解自己是个怎样的人。在这个时刻，我必须面对的只有自己，那个最真实的我。

　　在制作甜点时如果遭遇挫折或失误，我也更能意识到自己的真实反应与情绪。我可以用甜点来转化自己白天累积的负面能量，并提醒自己做甜点的时候要保持愉悦的心情。要有爱，做出来的甜点才不容易失败。

　　甜点真的是忙碌生活中很好的调剂品。很建议大家在忙碌的工作中，挪出一点周末的空闲时间，专心做或学一道甜点。当你为了做好甜点而专注其中时，情绪也会跟着稳定下来。如果此时又做出一道美味与美观兼具的甜点，一定能为你带来满满成就感，帮助你重新灌注能量。

先有基础，更能发挥创意

我常鼓励甜点课的学生，除了要体验甜点带来的疗愈力量，也可以从中尝试创意的发挥。

我自己在每次规划课程时，习惯依照当时的时间点和心境来决定要教做什么甜点。在这项甜点中，我也会加一些自己的创意在里面，让学生不只学到技术，也学到发挥想象力的方式。

比方说，如果我制作的甜点是要送给某人的礼物，我就会依据送礼的对象给我的感觉来设计甜点的口味或装饰方法。

有时候，我会思考将不同食材组合在一起的可能性，并尝试能否搭配出不同的风味。

比方说这次书中收录的"香蕉你个芭乐果酱"，就是想到我们小时候常因好玩就乱骂人"香蕉你个芭乐"*，长大后的我反倒很好奇这两种东西加在一起是什么滋味。没想到做成果酱的风味很不错，还让我发现一定要用红心芭乐才能更添美味。

但要提醒想做创意甜点的人，在创意得以发挥之前，一定要先练好基本功，熟练掌握甜点制作的技巧。有了基本实力，才能更无限制地发挥创造力。没有练好基础，就很容易在尝试的过程中吃尽失败的苦头。如果因此丧失对甜点的喜爱，那实在是太可惜了。

*香蕉你个芭乐，出自洪金宝的"五福星"系列电影，每次想说脏话时，用水果来代替那个不好听的词，于是"香蕉你个芭乐"就出现了。

伯爵奶茶布丁

材料
（可制作约16个）

蜂蜜 — 180克
牛奶 — 500克
鲜奶油 — 500克

细砂糖 — 80克
伯爵茶包 — 20克
蛋黄 — 180~200克

做法

1 将蜂蜜倒入汤锅中，开火加热，边煮边搅拌至焦糖化，倒入适量于模具底部。

2 牛奶中加入鲜奶油和细砂糖，煮至沸腾。加入伯爵茶包后续煮1分钟，关火闷10分钟。

3 将蛋黄打散，一边搅拌一边将做法2的奶茶倒入，拌匀成布丁液。

4 用保鲜膜或厨房纸巾先贴紧布丁液的表面，再拉起，以去除表面的气泡。

5 将布丁液过筛，倒入已装了做法1焦糖的模具中。

6 在烤盘内倒入热水，水量超过模具高度的1/3，以水浴方式蒸烤，放入烤箱，180℃烤35~40分钟。蒸烤好放凉，冷藏1小时后脱模即可。

丹麦杏仁布丁

材料

（可制作约6个）

牛奶 — 500克
细砂糖 — 85克
杏仁粉 — 150克
吉利丁片 — 15克
鲜奶油 — 250克

做法

1 吉利丁片用冰水泡软备用。

2 将牛奶和细砂糖放入汤锅，中火煮沸至糖完全化开。离火后加入杏仁粉，拌匀后用锅盖盖住，闷5~10分钟，让牛奶充分吸取杏仁香气。

3 将做法2的材料过筛，滤出杏仁粉渣。

4 将做法3过滤后的牛奶杏仁液再继续加热至小滚，离火后将泡水软化的吉利丁片拧干，加入并搅拌至化开。

5 将做法4的材料隔冰水冷却，至牛奶杏仁液变得较浓稠（可稍停留在刮刀上的程度）。

6 将鲜奶油打发至接近湿性发泡后，倒入做法5的杏仁液，搅拌均匀。

7 将搅拌好的做法6的液体倒入量杯，再倒入模具中，冷藏4个小时至凝固。

8 用热毛巾包覆模具，以方便脱模。

舒芙蕾

材料

（可制作约2个）

蛋黄 — 6个
低筋面粉 — 40克
牛奶 — 145克
无盐黄油 — 20克
香草荚 — 1/2根
蛋清 — 4个
细砂糖 — 40克
细砂糖 — 适量（刷器皿用）
无盐黄油（液态）— 适量（刷器皿用）

做法

1 将蛋黄用打蛋器打散。

2 将过筛的低筋面粉加入做法1的蛋黄中，拌匀。

3 煮锅中放入牛奶、无盐黄油与香草荚中刮出的香草籽，煮滚后关火。

4 将做法3的牛奶倒入做法2的蛋黄面糊中，边倒边搅拌。

5 拌匀后倒回煮锅中，煮至浓稠后过筛，即为卡仕达酱，用保鲜膜贴紧表面，放凉备用。

6 将蛋清打发，细砂糖分3次加入，打发至湿性发泡（呈鸟嘴状）。

7 将做法5放凉的卡仕达酱用刮刀或均质机拌匀（如果凝固的话）。

8 将做法6的打发蛋白分二三次加入做法7的卡仕达酱中，拌匀。

9 准备直角器皿，用刷子蘸取黄油将器皿垂直内壁按照一个方向上下刷，倒入细砂糖让器皿内都沾到，将多余的糖倒出。

10 将做法8的面糊加入器皿中，以刮刀刮平表面，用大拇指刮器皿上缘一圈。

11 烤盘内倒入热水，以水浴法蒸烤，烤箱180℃烤25分钟即可。

焦糖烤布蕾

材料

（可制作约4个）

蛋黄 — 2个
糖粉 — 20克
鲜奶油 — 250克

香草荚 — 1/4根
装饰用砂糖 — 适量

做法

1 将蛋黄与糖粉一起搅拌至乳白色，至糖化开。

2 鲜奶油入锅，香草荚刮出香草籽放入，开火加热至冒小泡（不用到沸腾）。

3 将做法2的鲜奶油慢慢倒入做法1的蛋黄中，搅拌均匀，过筛。

4 将步骤3的液体倒入布丁瓷碗中八九分满。

5 将碗放在深烤盘中，深烤盘内倒入热水（约至碗一半高度），放入烤箱，160℃蒸烤20~30分钟。蒸烤好取出，摇晃不会出现水水的状态即可，放冰箱冷藏1小时。

6 从冰箱取出后，表面撒上一层装饰用砂糖（多余的糖倒出），用喷火枪喷烧至呈焦糖色即可。

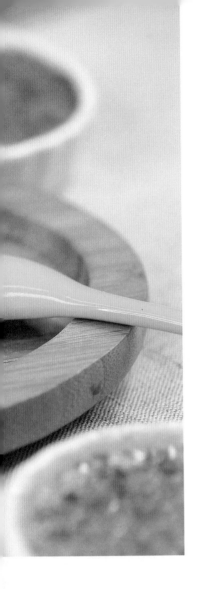

约克夏布丁面包

材料

（可制作约12个）

鸡蛋 — 3颗
低筋面粉 — 120克
牛奶 — 160毫升
无盐黄油 — 适量
培根（可改素培根）— 1片

调味料

芝士粉 — 适量
红椒粉 — 适量
盐 — 适量
胡椒粉 — 适量

做法

1 鸡蛋放入盆中，加入过筛的低筋面粉，用打蛋器拌匀。

2 牛奶分次加入做法1的鸡蛋面糊中，并慢慢拌匀。

3 将调味料中的芝士粉、红椒粉、胡椒粉与盐加入做法2的面糊中，拌匀，静置20分钟。

4 将适量无盐黄油放入模具中，用烤箱烤3~5分钟至变成液态。

5 将做法3的面糊倒入量杯中，再倒入模具中约五分满。

6 在做法5的面糊中加入切丁的培根。

7 入烤箱，200℃烤20分钟即可。

暖心酸甜苹果派

材料

（可制作约1个6吋派）

派皮
中筋面粉 — 360克
糖粉 — 15克
盐 — 2.5克
无盐黄油（冰）— 150克
蛋清 — 40克
白醋（可用柠檬汁替代）— 7.5克

凉白开 — 30克

馅料
红苹果 — 5颗
青苹果 — 1颗
无盐黄油 — 25克
细砂糖 — 75克

柠檬汁 — 8克
海盐 — 0.5克
肉桂粉 — 2克

装饰
全蛋液 — 0.5~1颗量

做法

派皮

1 将中筋面粉加糖粉、盐，过筛拌匀。

2 将冰的无盐黄油切成小丁，放入做法1的粉类中，用手搓揉至粗颗粒状。

3 将蛋清、白醋与凉白开混合拌匀，倒入做法2的材料中，拌成面团，若太干可再加点水，用保鲜膜包好，冷藏2小时。

馅料

4 将红苹果与青苹果去皮、去核、切片（不要切太薄），放入盐水中（防止苹果氧化变色）备用。

5 无盐黄油入锅，以中火加热至化开。

6 将做法4的苹果沥干，入锅，加入细砂糖、柠檬汁、海盐、肉桂粉，翻炒15～20分钟至收汁。翻炒好后捞出，放凉备用。

7 将做法3的面团均分成两份，一份做苹果派的底座，另一份则是派的上盖。

8 将派皮面团擀好，底座用的这份铺在派模上。

9 将翻炒好放凉的苹果馅料填入做法8的派皮中。

10 铺上擀好的上派皮，上下派皮连接处用手指捏紧贴合。在表面涂上全蛋液后放入烤箱，190℃烤35～40分钟即可。

法式咸派

材料

（可制作约2个6吋派）

挞皮

低筋面粉 — 300克

盐 — 3克

蛋黄 — 2个

水 — 60克

无盐黄油 — 150克

蛋奶液

鸡蛋 — 2颗

牛奶 — 100克

鲜奶油 — 100克

盐 — 3克

黑胡椒 — 适量

馅料

橄榄油 — 适量

大蒜 — 2瓣

洋葱 — 1/2个

蘑菇 — 4朵

培根 — 3条

贝壳面 — 50克

西红柿糊 — 适量

马苏里拉芝士 — 适量

西红柿 — 1个

帕玛森芝士 — 适量

罗勒 — 适量

做法

1 用搅拌机将挞皮材料（低筋面粉、盐、蛋黄、水、无盐黄油）一起搅拌均匀成团，用保鲜膜包好冷藏一晚，成为挞皮面团备用。

2 将蛋奶液材料（鸡蛋、牛奶、鲜奶油、盐、黑胡椒）一起用打蛋器搅拌均匀，取保鲜膜盖好，冷藏一晚备用。

3 制作馅料。将橄榄油倒入炒锅加热，大蒜入锅炒香，加入洋葱炒至透明，加入切成片的蘑菇和培根炒熟。最后放入煮熟的贝壳面翻炒，放凉成为馅料备用。

4 将做法1的挞皮面团取出，以擀面杖擀成大于挞模的尺寸，厚0.3~0.5厘米。铺入挞模，去除多余挞皮，在挞皮上用叉子戳洞。铺上烘焙纸后再铺上烘焙重石（避免挞皮烘烤时膨胀，也可用米或豆子代替），放入烤箱，180℃烤10分钟，取出烘焙重石再烤10分钟。

5 将做法4的挞皮内涂抹西红柿糊，铺上炒好的做法3的馅料。倒入做法2的蛋奶液后，铺上马苏里拉芝士与西红柿切片，180℃烤25分钟。

6 烤好趁热刨上帕玛森芝士，并放上罗勒叶即可。

四季水果松饼卷

材料
（可制作约2卷）

鸡蛋 — 1颗　　　　　　猕猴桃 — 1颗
牛奶 — 80克　　　　　　草莓 — 4颗
松饼粉 — 100克　　　　鲜奶油 — 50克
香蕉 — 1根

做法

1 将鸡蛋磕入搅拌盆，加入牛奶和松饼粉拌匀。

2 平底锅内刷些奶油加热，将做法1的面糊取1勺，倒于平底锅中心。

3 拿起锅左右绕圆，将面糊摊平，煎至表面出现小孔洞即成松饼。

4 将香蕉、猕猴桃、草莓切片。

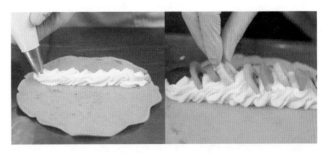

5 鲜奶油打发后，挤在松饼上，铺上三种水果，卷起后用保鲜膜包好，冷藏定形即可。

樱花水信玄饼

材料 ▸

（可制作约8个）

盐渍樱花 — 8朵
水信玄饼琼脂粉 — 30克
糖粉 — 100克
开水 — 800克

制作笔记 ▸

水信玄饼琼脂粉与糖粉
可至烘焙用品材料专卖
店购买。

做法 ▸

1 将盐渍樱花用开水浸泡去
盐，用厨房纸巾吸干水分备用。

2 将水信玄饼琼脂粉与糖粉
混拌均匀，倒入开水，煮至小
滚，接着搅拌至化开后，倒入
模具中。

3 将做法1弄干的樱花放入
模具后盖起，入冰箱冷藏至
凝固即可。

香蕉你个芭乐果酱

材料

香蕉 — 700g
红心芭乐 — 900g
细砂糖 — 750g
柠檬汁 — 约1.5颗量

制作笔记

想要确认果酱煮的浓稠度是否足够，可以用以下几种方法检验：
1. 用硅胶刮刀划过果酱不会马上合起。
2. 滴一滴在铁盘上不会很快滴落而是缓缓滑落。
3. 准备一杯凉白开，滴入的果酱不会马上散开。

做法

1 将果酱瓶及盖子用水煮至100℃沸腾消毒杀菌，自然风干或用烤箱以100℃将瓶子烤干备用。

2 香蕉切片，红心芭乐切丁。

3 在做法2的香蕉和芭乐中加入细砂糖和柠檬汁，搅拌均匀。

4 用保鲜膜封好，置冰箱冷藏一个晚上，让水果出水。

5 冷藏一晚后的水果搅拌一下入锅。先用大火煮至103℃，再转小火继续熬煮，熬煮时要不时搅拌以防烧焦，但若想保有果粒的口感，不可太用力搅拌。煮至浓稠。

6 将刚煮好的热腾腾的果酱，用干净的汤匙盛入消好毒的果酱瓶中。将果酱瓶盖拧紧后，倒过来放置冷却即可（可让罐内呈真空状态以保鲜）。

第五章

分享——
让人生更甜一点

　　我很喜欢看到与人分享甜点之后，受到反馈的温暖笑容，那种有点甜的感受，成为我踏上甜点之路的源头。或许是这样的用心通过网络扩散了出去，有公司来找我开设甜点教学课程，让我多了一个"甜点老师"的身份。

　　一开始并没有很想开课。以我的个性来看，如果要开课，必须预先做非常多准备，这让我觉得有点麻烦。但后来想想，通过课程，我可以将自己学习甜点的经验传递出去，让更多人喜爱甜点，也可以将我从甜点中得到的人生体会分享出去，何不试试看呢？

教学，不只是教，也是在学

　　第一次教课当然非常紧张。人数不少的情况下，光课前备料就花了我很多时间。为了让来上课的学生都能有所收获，我战战兢兢地盯着每个环节、每个学生。整个过程对我来说有点像在打仗，但很欣慰的是，每个学生都做出了成品，没有人失败。第一次的经历很棒，也很累，但让我对教学有了信心。

　　后续也有过惊险的状况。因为每次甜点课的报名人数有名额限制，很多人都报不上名，于是合作单位建议找可以容纳更多人的场地，花了一番功夫终于找到。那一次我开了一堂50多人的课，超大一个班，租借场地的单位也都有我所需要的器材，我也到现场测试过。但没想到的是，这里的器材实际上有点旧，在我上课当天，

有的设备当场发生故障，烤箱因电线走火爆炸、冰箱冷冻功能损坏等，很多状况发生。好险，关关难过关关过，当天学生的作品也都成功了。而我从中体会到，之后要更谨慎小心掌握好各个环节，毕竟做甜点只要一个细节出错，就会全盘错。

教学，不只是在"教"，更是在"学"。我必须懂得做好分配，必须训练好逻辑思考的能力。无论在安排课程上，或是自己制作甜点上，都要学会如何配合得刚刚好。

教学，也是在训练我自己的责任感。上课的前几天我都会备料和准备课程到很晚，因为我要让学生通过这堂课充满成就感，减少失败的可能，这样学生对烘焙才不会失去信心，也才愿意继续学下去。

哥教的不只是甜点，是人生

每次我都会在课堂上对学生说，这堂课不只是教你做甜点，而是一堂人生的甜点课。我希望学生因为这堂课能理解我从甜点中得到的体悟，甚至能对他们的人生有所启发。遇到甜点让我的人生变甜了，我也会继续将这些想法传达出去。

还记得我刚开始教课时，有次问了课堂上的某位学生："你为什么喜欢甜点？为什么想来上课？"我以为来上课的应该都是热爱甜点的人，没想到她看了我三秒后说："我是来看你的。"我满脸通红，因为这答案跟我预期的很不一样。但后来想想，这样也没什么不好，如果她因为喜欢我而开始接触甜点，甚至培养出新的技能，也是一件好事。果然，现在我的学生确实一个个朝着这样的方向努力着，其中我知道的就有五位考上了证照。

他们一开始是因为支持我而来，但之后却真心喜欢甜点，喜欢烘焙，甚至考上证照，对我来说，这也是很大的鼓励与成就感。

我就这样从甜点课中接收到许多善的循环和反馈。有许多学生因为来上我的课，从互不相识到变成很好的朋友，彼此会不定期聚会，一起去品尝甜点，分享生活的点滴。他们也会把这些美好的体验告诉我，让我感受到他们的快乐。我鼓励他们好好珍惜这难得的缘分，这也让我更坚信甜点能带来许多美好的联结与善的缘分。

投资自己，就是最好的投资

现在的我，面对甜点，就是抱着一种开心做的态度。

我常对学生说，面对工作的时候，要有"从专业到敬业到乐业"的精神。一开始要先训练出自己的专业能力，通过专注与努力练就基本功。之后要抱持敬业的态度，展现出对工作的热忱与尊重，遇到困难也不要只是抱怨，并且懂得与人好好相处，才能持续做好工作。

最后则是要真心喜欢这个工作，乐于与人分享工作的喜悦与热情，也能因此让别人更相信你在这领域的专业与能力。

更重要的是，在乐业之余也要学会让生活留白，不要把所有时间都填得很满。可以试着放慢脚步，空出一些时间去学习新的知识。像我现在还是会去上课补充新知，无论是不是对甜点事业有帮助，只要是好的学习，都值得去尝试。

曾有些财经类的媒体采访我，他们问我平常都为自己做哪些投资？我总是回答："投资自己，就是最好的投资。"只有投资自己不会倒，因为学到的技能都是自己的，投资的回报都在自己身上。

我通过分享自己的经验向大家传递甜点的美好，以及我从甜点中学会的这些事。很期望这条甜蜜与美味的路，有更多人可以和我一起漫步其中，真心享受让人生更甜一点的美好滋味。

花火巧克力

材料

（可制作约18支）

苦甜巧克力 — 450克
无盐黄油 — 45克
杏仁碎 — 100克
玉米脆片 — 100克
跳跳糖 — 100克

制作笔记

苦甜巧克力也可换成白
巧克力或草莓巧克力，
做法皆相同。

做法

1 苦甜巧克力与无盐黄油一
起用微波炉或隔水加热至完全
化开。

2 玉米脆片先置于塑料袋
中，以擀面杖稍碾碎，与杏仁
碎、跳跳糖一起加入做法1的
巧克力中拌匀。

3 准备棒棒糖硅胶模及棒棒糖
棍，在模具中填好馅料用刮刀抹
平，放入冰箱冷藏至凝固即可。

万圣节南瓜派

材料

（直径9厘米的布丁模，可制作约3个）

馅料

南瓜 — 200克

细砂糖 — 30克

蛋黄 — 1个

无盐黄油 — 20克

牛奶 — 15克

肉桂粉 — 1.5克

果仁 — 25克

酥皮

市售酥皮 — 适量

蛋黄 — 1个

水 — 10克

做法

1 南瓜去皮去子切块，用微波炉加热8分钟，使南瓜熟透（或蒸熟），取出200克南瓜肉压成泥。

2 南瓜泥中依序加入糖、蛋黄、无盐黄油、牛奶、肉桂粉，搅拌均匀。

3 将果仁放入烤箱，用100℃烤10~15分钟（可增加坚果香气），烤熟后切碎。加入做法2的南瓜泥中拌匀。

4 取直径9厘米的浅布丁模，在底部铺上一层市售酥皮。将多余酥皮切除。

5 用圆形模具切出上层酥皮，用小刀划出图案。

6 将南瓜馅填入酥皮中，再盖上做法5的上层酥皮。

7 将上下层酥皮结合处捏紧。

8 蛋黄加水拌匀，刷在做法7的酥皮表面，放入烤箱，180℃烤20~25分钟即可。

蛋糕棒棒糖

材料

（可制作约40个）

蛋糕（8吋）
无盐黄油（室温软化）— 220克
细砂糖 — 200克
鸡蛋 — 4颗
低筋面粉 — 330克
无铝泡打粉 — 12克
牛奶 — 250毫升

酱料
奶油奶酪（室温软化）— 180克
无盐黄油（室温软化）— 40克
糖粉（过筛）— 60克

装饰
苦甜巧克力及白巧克力 — 各150克
糖珠 — 适量

做法

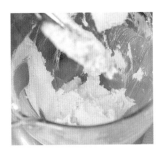

1 将蛋糕材料中的无盐黄油和细砂糖一起搅打至泛白呈乳霜状。

2 将鸡蛋分次加入做法1的黄油中，每次要等鸡蛋完全搅拌吸收后再加入。

3 低筋面粉与泡打粉过筛，与牛奶相互交错加入做法2的材料中，搅拌均匀。

4 将做法3的面糊放入底与边都铺有烘焙纸的8吋蛋糕模中，180℃烤50～60分钟后放凉。

5 将放凉的蛋糕打散捏碎备用（蛋糕四周及表面烤得较硬的部分不用）。

6 将酱料材料中的奶油奶酪和无盐黄油在室温下放置软化，和糖粉一起加入做法5的碎蛋糕中，用手搓拌均匀。

7 将做法6的碎蛋糕滚成球（乒乓球大小，约30克），放入冰箱冷冻10分钟。

8 取苦甜巧克力和白巧克力，分别加热至完全化开。

9 将棒棒糖棍头部1厘米蘸取融化的巧克力，插入做法7的球形蛋糕后，冷冻约5分钟，让棒棒糖棍与蛋糕体可以结合固定。

10 球形蛋糕由冰箱取出后，沾裹化开的巧克力，趁巧克力未干时，撒上糖珠装饰即可。

抹茶果仁牛轧糖

材料

（可制作长43厘米、宽33厘米浅烤盘的一半量）

夏威夷果 — 350克

无盐黄油 — 150克

蛋清 — 65克

水饴 — 600克

细砂糖 — 65克

水 — 80克

海盐 — 3克

奶粉 — 150克

抹茶粉 — 25克

蔓越莓干 — 250克

做法

1 夏威夷果先以120℃烘烤15分钟。无盐黄油用不锈钢碗盛装，同时放入烤箱加热至化成液体。继续放烤箱中保温。

2 蛋清放入搅拌碗中备用。

3 将水饴、砂糖、水、海盐加热，煮至约115℃时，即可开始打发蛋清至硬性发泡。

4 糖浆煮至130℃时关火（冬天125～135℃，夏天可至140℃），慢慢倒入正在搅拌的蛋清里一起搅打。

5 将做法1保温中的液态无盐黄油慢慢倒入做法4的材料中，搅打至吸收后，加入奶粉和抹茶粉，搅拌均匀后停止。

6 迅速取下球形搅拌器，换上桨状搅拌器，倒入蔓越莓干及做法1保温中的夏威夷果，稍微拌匀。

7 将做法6的糖趁热倒至烘焙布上，用烘焙布搓揉。

8 取一浅烤盘，把搓揉好的糖连同烘焙布一起放在烤盘中，上面再盖一张烘焙布。用擀面杖擀至与烤盘同等厚度，放置冷却。

9 放凉变硬后，用切糖刀或菜刀切成适当大小即可。

蔓越莓夏威夷果挞

材料

（可制作约12个）

挞皮

无盐黄油（室温软化）— 130克

细砂糖 — 50克

鸡蛋 — 1颗

低筋面粉 — 190克

盐 — 1克

馅料

夏威夷果 — 300克

蔓越莓干 — 75克

动物性鲜奶油 — 65克

细砂糖 — 65克

蜂蜜 — 55克

无盐黄油 — 40克

做法

挞皮

1 将无盐黄油加细砂糖，用桨状搅拌器搅拌至呈乳霜状。

2 将鸡蛋打散，分次加入做法1的黄油中（等完全吸收后再加入下一次）。

3 将低筋面粉加盐过筛，加入做法2的材料中，慢速或中速搅拌制成面团（但不能搅拌过度，以避免出筋）。

4 用保鲜膜包好面团，冷藏1小时以上。

5 用擀面杖将面团擀成厚约0.3厘米，以圆形切模切出适当大小，放入准备好的小挞模、布丁模或杯子蛋糕模中。用叉子在挞皮上插些孔洞，放入烘焙纸及烘焙重石，以180℃烤15～20分钟。取出烘焙重石再烤5分钟。

馅料

6 将动物性鲜奶油、细砂糖、蜂蜜、无盐黄油入锅，煮至120℃后关火。

7 夏威夷果先以150℃烤10分钟（烘烤可增加坚果香气），与蔓越莓干一起倒入做法7的材料中，混拌均匀。

8 用汤匙将混拌好的馅料填入挞皮，以180℃烤5分钟即可。

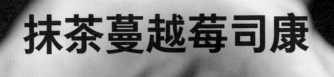

抹茶蔓越莓司康

材料

（可制作约8个）

中筋面粉 — 250克
无铝泡打粉 — 13克
抹茶粉 — 8～10克
细砂糖 — 40克
无盐黄油（冰）— 63克
牛奶（冰）— 63克
鸡蛋（冰）— 1颗
蔓越莓干 — 30克
朗姆酒 — 适量
蛋黄 — 2个

做法

1 将蔓越莓干在朗姆酒中浸泡约30分钟，备用。

2 将中筋面粉、无铝泡打粉、抹茶粉一起过筛，之后加入细砂糖，混拌均匀。

3 将冰的无盐黄油切成丁，加入做法2的粉类中，用手搓揉成细颗粒状，搓至捏不到整块黄油（动作要迅速，避免手的温度让黄油融化）。

4 将冰牛奶和冰鸡蛋混拌均匀，再加入做法3的材料中拌匀。

5 加入已沥干的做法1的蔓越莓干，搅拌均匀制成面团。

6 将面团用保鲜膜包好，放冰箱冷藏30分钟至1小时。

7 从冰箱取出后，用擀面杖将面团擀成厚2.5～3厘米，再用圆形模具切圆。

8 将蛋黄搅打均匀，涂抹在切好的面团表面，以180℃烤12～15分钟即可。

好运五行发糕

材料

（5种颜色，每种可制作约2个）

温牛奶 — 450克
细砂糖 — 292克
低筋面粉 — 378克
无铝泡打粉 — 17克
可可粉 — 4克
抹茶粉 — 4克

姜黄粉 — 2.5克
红曲粉 — 6克
巧克力豆 — 适量
蔓越莓干 — 适量
盐渍樱花 — 适量

做法

1 准备温牛奶，将细砂糖加入搅拌，使砂糖稍微溶解。

2 将过筛的低筋面粉与无铝泡打粉加入做法1的牛奶中，搅拌均匀成面糊。

3 将做法2的面糊均分成五份，其中留一份做原味发糕，另外四份分别加入可可粉、抹茶粉、姜黄粉、红曲粉。

4 在做法3的可可面糊中，加入巧克力豆拌匀。

5 在做法3的红曲面糊中，加入蔓越莓干拌匀。

6 在做法3的原味面糊表面放上盐渍樱花（先以开水泡过再用厨房纸巾压干）作装饰。

7 准备布丁模或杯子蛋糕模，内放纸模。将5色面糊分别倒入模中至少九分满。

8 放入电锅中，外锅放入约2杯热水，蒸约20分钟，取出放凉即可（该步操作可替换成其他有同等功能的锅具）。

水果千层蛋糕

材料

（可制作约2个8吋蛋糕）

蛋糕皮（约直径20厘米，30片）

鸡蛋 — 240克
细砂糖 — 50克
鲜奶油 — 170克
低筋面粉 — 190克
牛奶 — 470克

水果馅料

猕猴桃 — 2个
芒果 — 2个
香蕉 — 2根

卡仕达鲜奶油酱

蛋黄 — 120克
细砂糖A — 120克
低筋面粉 — 35克
牛奶 — 460克
无盐黄油 — 30克
香草荚 — 1根
鲜奶油 — 300克
细砂糖B — 45克

做法

蛋糕皮 ────────────────────────────

1 将鸡蛋加50克细砂糖一起搅拌均匀。

2 做法1的蛋液中加入鲜奶油与低筋面粉，拌匀。

3 接着加入牛奶，搅拌均匀后过筛备用。

卡仕达鲜奶油酱

4 将蛋黄、细砂糖A先混合搅拌均匀，再加入35克低筋面粉，拌匀备用。

5 将460克牛奶加上无盐黄油、香草荚及香草籽，煮至小滚。

6 将做法5的小滚牛奶，慢慢倒入做法4的蛋黄面糊中（需边倒边搅拌）。

7 将拌好的做法6的材料倒回锅中煮至浓稠后过筛，用保鲜膜紧贴表面，降温备用。

8 将鲜奶油和细砂糖B一起打发至湿性发泡。加入做法7降温的卡仕达酱，搅拌均匀成卡仕达鲜奶油酱。

制作及组合

9将做法3的千层蛋糕面糊舀
1勺，放入稍微加热的平底锅
中摊平。

10小火加热，若表面起泡即可翻面，重复此步骤制作千层蛋
糕皮。

11将猕猴桃、芒果、香蕉
切片或切丁。先放三层蛋糕
皮，每层蛋糕皮皆抹上卡仕达
鲜奶油酱。

12铺上一层水果后，每隔三层再铺上一种水果，铺完15层蛋糕皮后即完成。

缤纷水果挞

制作笔记

水果可依时令挑选不同种类，如草莓、蓝莓都可以做替换。

材料

（可制作约1个8吋挞）

挞皮

无盐黄油（室温软化）— 65克

糖粉 — 50克

盐 — 少许

鸡蛋 — 30克

低筋面粉 — 130克

卡仕达酱

蛋黄 — 2个

细砂糖 — 75克

低筋面粉 — 25克

牛奶 — 250克

香草荚 — 1/4根

水果与装饰

香蕉 — 适量

芒果 — 适量

猕猴桃 — 适量

葡萄 — 适量

火龙果 — 适量

镜面果胶 — 适量

做法

挞皮

1 无盐黄油放入搅拌盆，加入糖粉和盐，慢速搅拌均匀。

2 将鸡蛋打散，分次加入做法1中，搅拌均匀。

3 低筋面粉过筛后，加入做法2的材料中，搅拌均匀。

4 操作台上铺保鲜膜，面团放上并压平，用保鲜膜包好，放入冰箱冷藏1小时。

5 在操作台上铺保鲜膜后放上面团，再铺一层保鲜膜覆盖。以擀面杖擀平至0.3～0.5厘米厚，尺寸要比挞模大。

6 将挞皮铺在8吋菊花挞模上，切除多余挞皮。

7 用叉子在底部均匀扎孔，放入冰箱冷藏10分钟。

8 将烘焙纸揉皱铺在挞皮上，倒入烘焙重石压着，放入烤箱，170℃烤13分钟。取出烘焙重石及烘焙纸后，再烤10分钟。出炉后放凉。

卡仕达酱

9 将蛋黄、细砂糖、低筋面粉混合搅拌均匀。

10 单柄锅中放入牛奶，加入香草荚中刮出的香草籽，加热至小滚。

11 将小滚的牛奶倒入做法9的材料中拌匀，再倒回锅中，煮至浓稠后离火。

12 将做法11的卡仕达酱过筛，用保鲜膜紧贴表面，放凉备用。

组合与装饰

13 将做好放凉的卡仕达酱搅拌至软化后，倒入已经放凉的挞皮中。

14 将切好的水果铺排上去，刷上镜面果胶即完成。

初恋柠檬挞

材料

（可制作约2个6吋挞）

挞皮

无盐黄油（室温软化）— 75克
糖粉 — 50克
全蛋液 — 25克
杏仁粉 — 25克
低筋面粉 — 155克

馅料

细砂糖 — 125克
柠檬皮屑 — 约3颗量
鸡蛋 — 185克
蛋黄 — 50克
玉米淀粉 — 25克
柠檬汁 — 135克
无盐黄油（室温软化）— 190克

意大利蛋白霜
（用以下材料的5倍分量较好操作）

蛋清 — 24克
细砂糖A — 12克
水 — 12克
细砂糖B — 36克
柠檬汁 — 1克

其他

白巧克力 — 40克

制作笔记

- 制作意大利蛋白霜，以所列材料的5倍分量会比较好操作。
- 在烤好的挞皮内涂上一层白巧克力，不仅可增加风味，更能让挞皮防潮，维持口感。

做法

挞皮面团

1 将室温下软化的无盐黄油加上糖粉搅拌至呈乳霜状。

2 将全蛋液分次加入，每次要等完全吸收之后再加入。

3 加入杏仁粉，混拌均匀。

4 加入低筋面粉，拌匀揉成面团。用保鲜膜包好，冷藏3小时备用。

馅料

5 将细砂糖与柠檬皮屑混拌，用手搓揉后，静置15分钟制成柠檬糖备用。

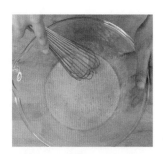

6 在鸡蛋和蛋黄中，加入做法5的柠檬糖，用打蛋器搅拌均匀。

7 加入玉米淀粉，搅拌均匀备用。

8 将柠檬汁倒入汤锅，小火煮沸后离火，倒入做法7的材料中拌匀，需一边搅拌一边倒入。再倒回汤锅中，煮至浓稠后过筛。

9 等降温至40～50℃，将室温软化的无盐黄油加入拌匀，需拌至无结块，即成柠檬黄油酱。用保鲜膜盖好备用。

挞皮 + 馅料

10 将冷藏的做法4的挞皮面团，擀成超过挞模大小、厚约0.3厘米的挞皮，铺入挞模中并切除多余挞皮。底部用叉子扎出孔洞。

11 挞皮内铺上烘焙纸后，放上烘焙重石，放入烤箱，170℃烤12分钟后拿出烘焙重石与烘焙纸，再烤8～10分钟，取出放凉备用。

12 将白巧克力隔水加热至完全化开，涂抹在已经放凉的挞皮内。

13 将做法9的柠檬黄油酱倒入裱花袋中，挤入已经涂抹白巧克力的挞皮中，抹平备用。

意大利蛋白霜 ———————————————————————

14 蛋清中加入柠檬汁打发，将细砂糖A分次加入，搅打至硬性发泡。

15 将水和细砂糖B放入汤锅，煮至118~121℃，倒入正在打发的蛋白霜中，继续打发至有光泽。降温后倒入装有花形裱花嘴的裱花袋中。

16 将意大利蛋白霜裱花至做法13的柠檬挞上。

17 用喷火枪在蛋白霜上稍微喷烧出纹路即完成。

人生，
————
　　继续有点甜……
————————————